云南名特药材种植技术丛书

金银花

Jinyinhua

《云南名特药材种植技术丛书》编委会 编

云南出版集团公司
云南科技出版社
·昆 明·

图书在版编目（CIP）数据

金银花 /《云南名特药材种植技术丛书》编委会编 . -- 昆明 : 云南科技出版社, 2013.7（2021.9重印）
（云南名特药材种植技术丛书）
ISBN 978-7-5416-7296-5

Ⅰ. ①金… Ⅱ. ①云… Ⅲ. ①忍冬 – 栽培技术 Ⅳ. ①S567.7

中国版本图书馆CIP数据核字（2013）第157880号

责任编辑：唐坤红
李凌雁
洪丽春
封面设计：余仲勋
责任校对：叶水金
责任印制：翟 苑

云南出版集团公司
云南科技出版社出版发行
（昆明市环城西路609号云南新闻出版大楼 邮政编码：650034）
云南灵彩印务包装有限公司印刷 全国新华书店经销
开本：850mm × 1168mm 1/32 印张：2.125 字数：53千字
2013年9月第1版 2021年9月第7次印刷
定价：18.00元

《云南名特药材种植技术丛书》编委会

本册编者：王　丽　刘大会　张智慧

石亚娜　杨　雁　张立宪

杜　慧

序

彩云之南自然环境多样，地理气候独特，孕育着丰富多样的天然药物资源，“药材之乡”的美誉享于国内外。

云药资源优势转变为产业优势的发展特色突出，亦带动了生物产业的不断壮大。当下，野生药用资源日渐紧缺，采用人工繁育种植方式来满足医疗保健及产业可持续发展大势所趋。丛书选择了天麻、灯盏细辛、当归、石斛、木香、秦艽、续断等云南名特药材，特别是目前野生资源紧缺，市场需求较大的常用品种，以种植技术和优质种源为重点内容加以介绍，汇集种植生产第一线药农的实践经验，病虫害防治方法等，凝聚了科研人员的研究成果。该书采用浅显的语言进行了论述，通俗易懂。云南中医药学会名特药材种植专业委员会编辑成的该套丛书，对于云南中药材规范化、规模化种植具有一定指导意义，为改善和提高山区少数民族群众收入提供了一条重要的技术途径。愿本套丛书能够对推动我省中药种植生产事业发展有所收益，此序。

云南中医药学会名特药材种植专业委员会

名誉会长

前 言

绿色经济强省，生物资源是支撑。保持资源的可持续发展，是生态文明建设的前瞻性工作。云南省委、省政府历来高度重视生物医药发展，将生物医药产业作为云南特色支柱产业来重点发展。中药材种植是生物医药产业发展的源头，有言道："好山好水出好药""药材好，药才好"……。因地制宜，严格按照国家有关法规和科学技术指导规范种植，方能产出优质药材。基于云南生物资源开发现状考量，云南省中医药学会名特药材种植专业委员会汇集了云南药物研究所、云南农业科学院药用植物研究所、云南中医学院、云南农业大学等单位的专家学者，整理并撰写了目前在云南省中药材种植生产中有一定基础与规模的20个品种中药材的种植技术，编辑出版本丛书，较大程度地适应了各地中药材种植发展的迫切需要。

云南地处北纬21°～29°，纬度较低，北回归线从南部通过，全年接受太阳辐射光热多，热量丰富；加之北高南低的地势，南部地区气温高积温多，北部地区气温低积温少；南北走向的山脉河谷，有利于南方湿热气流的深入，使南方热带动植物沿河谷北上。北部山脉又阻

挡了西伯利亚寒冷气流的侵袭，北方的寒温带动植物沿山脊南下伸展。东面湿热地区的动植物又沿金沙江河谷和贵州高原进入，造成河谷地区炎热、坝区温暖、山区寒冷等特点。远离海洋不受台风的影响，大部分地区热量充足，雨量充沛。多种类型的气候生态环境，造就了云南自然风光无限，物奇候异，由此被人们美称为“植物王国”。

云南中草药资源十分丰富，药用植物种数居全国第一，在中药材种植方面也曾创造了多个全国第一。目前云南的中药材种植产业承担了云南全省乃至全国大部分中医药产品的原料供给。跨越式发展中药材种植产业方兴未艾，适应生物医药产业的可持续发展趋势尤显，丛书出版正当时宜。

本书编写时间仓促，编撰人员水平有限，疏漏错误之处，希望读者给予批评指正。

云南省中医药学会
名特药材种植专业委员会

目 录

第一章 概 述

金银花，为中药材和植物的统称，以花蕾和藤入药，药材名分别为金银花和忍冬藤。金银花是历版《中国药典》收载的重要品种，自古被誉为清热解毒的良药。金银花味甘，性寒；归肺、心、胃经；具有清热解毒，凉散风热、抑菌和抗病毒功能；用于痈肿疔疮，喉痹，丹毒，热血毒痢，风热感冒，温病发热等症，均效果显著，尤其具有良好的预防“SARS”病毒与甲型H_1N_1流感病毒功能。最近研究表明，金银花还具有抗艾滋病

图1-1

功能，对治疗肺癌有独特效果。金银花除药用外，还有美容、减肥和保健养生等作用。金银花是一种具保健、药用、观赏及生态功能于一体的经济作物，在制药、香料、化妆品、保健食品、饮料等领域被广泛应用，已开发出很多产品。

金银花适应性较强，对气候求不太严格，耐阴，耐寒、耐旱，喜温暖湿润、日照充足的温带大陆性气候和亚热带海洋性气候；对土壤要求不严，酸性、盐碱地均能生长，但以湿润、肥沃的深厚沙质壤上生长最佳。农谚讲："涝死庄稼旱死草，冻死石榴晒伤瓜，不会影响金银花"。金银花种植产业具有极大的发展空间和潜力，市场前景广阔。云南气候条件优越，拥有种类繁多的中药和天然药物资源，造就了许多地道名贵中药材，为各种重要药材的引种和种植提供了适宜的生态环境和条件。虽然云南拥有着很多的植物资源及独特的气候条件，但目前在云南中药材市场上热销的金银花大多都是从湖南、安徽等地引进。

一、历史沿革

金银花，首载于梁代陶弘景《名医别录》，名"忍冬"，列为上品，其药用部位为茎叶，主治寒热身肿。唐《新修本草》对忍冬的藤、茎、叶、花作了描述，并未提出"金银花"之名，药用部位仍为茎叶。北宋时期，《嘉祐补注神农本草》仍袭"忍冬"之名。"金银

花”一名出自《本草纲目》，由于初开为白色，后转为黄色，因此得名金银花。明代以后，由于温病学的发展及对金银花的效用认识更加全面，则尤其强调用花，忍冬藤的应用已较少。如清代严西亭《得配本草》提出“藤叶皆可用，花尤佳”。此时，对金银花的运用，不仅能承前人之说，且取本品疏散风热，凉血解毒之功，广泛应用于临床各科，取得了显著疗效。

二、资源情况

我国金银花主产于山东、河南和河北三个省。山东金银花集中产于沂蒙山区，包括平邑、费县、沂水、临沭、济南等地，已有300余年的栽培历史，全省各山地丘陵有野生，其主要种质资源，包括传统农家品种11个，引种及培育种质4个，其他物种2个。河南省现有新密和封丘两个产区，包括传统的农家栽培品种2个，培育品种1个。河北省主产于巨鹿地区，邢台巨鹿堤村栽培的金银花称为“巨花一号”，有二茬花。我国金银花的栽培历史已达数百年，经过长期的自然选择与人工选择，其种质发生了明显变异与分化，在一些老产区形成了很多农家栽培品种或品系。

三、分布情况

金银花又名金花、银花、双花、二花、忍冬花，分布于北美洲、欧洲、亚洲和非洲北部的温带和亚热带地区。我国除黑龙江西南部、青海大部、新疆东部、内蒙古西部外，各省均有分布，以西南资源种类最多。主产山东、河南、河北。传统上以河南新密、封丘、山东平邑、费县等地为道地产区。

四、发展情况

金银花是传统的大宗中药材和大宗出口药材，是国务院确定的70种名贵药材之一，也是国家重点治理的38种名贵中药材之一。早在3000年前，我们祖先就开始用它防治疾病，在《名医别录》中被列为上品。金银花用途广、用量巨大，不断的开发新用途，使其用量不断增加，是家喻户晓的保健和清热解毒饮品。同时，金银花是疫情防治的重要品种。近年来，金银花常常成为市场上的领涨品种，变化更加频繁，变化幅度惊人，是市场人气最旺，关注力最强的品种之一。

图1-2

20世纪50年代前因

野生资源较多，产销基本平衡。后因野生金银花采集比较困难，且产量不稳定，质量差，市场需求又大，20世纪70年代开始，引种工作得到广泛展开，国家对金银花种植栽培做了重点安排，同时调整了收购价格，从而推动了金银花生产的迅速发展。目前，金银花野生资源已不多，商品药材主要依赖种植栽培，种植区域主要集中在山东、河南、河北、湖南、湖北等地。其中，山东种植面积最大，约有12340万平方米，是金银花的主产地，产量占全国产量的40%。云南省有关部门正在规划设计金银花的种植园区，云南浩阳农业生物科技开发有限公司制订了“打造 10万亩金银花基地”的目标，宣威市农业局称，目前已将金银花种植作为宣威市的一个新型农业特色产业加快发展，正着手把浩阳农业生物科技开发有限公司打造成曲靖市农业龙头企业，但云南金银花种植尚未形成规模。

因金银花适应性强，生命力旺盛，栽培方法简单，种植效益较高，适宜大面积推广，在帮助农民脱贫致富、促进农村产业结构调整等方面可以发挥重要作用，全国许多地方都在建立种植基地，其种植面积逐年扩大，产量、产值不断提高。尽管种植基地在不断建设，但金银花的用量也在不断增加。20世纪80年代年销量500多万千克，90年代增至800万千克，2000年以来年年产量不敷销。2003年4月以前，售价为22元/千克，“非典”时期涨至400多元/千克。有资料表明，我国每年需金银花将在1700~2400万千克左右，而目前所能提供的只有500~900万千克。

金银花作为中药之瑰宝，目前在制药、保健食品、香料、化妆品等许多领域市场前景广阔。综合利用金银花植物资源，实现精、深加工，符合国家农业产业结构调整政策，也是金银花产业的发展方向。只要坚持标准化生产、加工，进一步开发利用其药用保健功效，不断提高产品的高科技含量，使生产、加工、应用等环节联系更加紧密，形成和完善产业链，金银花产业就一定能够做大做强。

第二章　分类与形态特征

一、植物形态特征（图2-1）

金银花为半常绿木质缠绕藤本灌木，枝茎中空、茎枝长可达数十米，茎细多分枝。老茎木质，幼枝草质，密生短柔毛。单叶对生，叶片卵形至长卵形，两面被短毛，先端钝或急尖乃至渐尖，基部圆形或近心形。叶片

图2-1　金银花

全绿，凌冬不落。花簇生于叶腋或枝的顶端，花冠略呈二唇形，管部和瓣部近相等，花柱和雄蕊长于花冠，有清香，花初开白色略带紫晕后转黄色。浆果球形，离生，成熟时黑色。花期5~7月，果期8~10月。

二、植物学分类检索（表2-1）

金银花为忍冬科（Caprifoliaceae）忍冬属（*Lonicera*）植物忍冬（*L. japonica* Thunb.）的干燥花蕾或带初开的花。全世界忍冬属植物约有200种，我国有98种，5亚种，18变种，可供药用的达47种（表2-2）。

现行《中国药典》2010年版规定金银花为忍冬科忍冬属植物忍冬的干燥花蕾或带初开的花；"山银花"（图2-2）为灰毡毛忍冬、红腺忍冬、华南忍冬和黄褐毛忍冬。

灰毡毛忍冬

红腺忍冬

华南忍冬

图2-2 山银花

表2-1　忍冬、灰毡毛忍冬、红腺忍冬、华南忍冬和黄褐毛忍冬的植物学分类检索表

1.叶下被灰白色或有时带灰黄色毡毛，毛之间无空隙…………………………………………………………灰毡毛忍冬（*L. macranthoides*）

1.叶下面无毛或被密的糙毛、短柔毛或短糙毛，但不密集成毡毛，毛之间有空隙（在放大镜下可见）

2.萼筒密被短柔毛　…………………………华南忍冬（*L. confusa*）

2.萼筒无毛

3.苞片大，叶状，卵形，长达3厘米；总花梗明显；幼枝密被开展的暗红褐色直糙毛 …………………　忍冬（*L. japonica*）

3.苞片小，非叶状；如为叶状，则总花梗极短或几缺。

4.苞片极小，三角形，长1~2米，远比萼筒为短；叶纸质；小枝、叶柄和总花梗均密被灰白色微柔毛　……………………………………………………毛花柱忍冬（*L. dasystyla*）

4.苞片略短于萼筒或超过之。

5.叶下面无柄或具短柄的橘黄色或橘红色蘑菇状腺；幼枝密被灰黄色或灰白色短柔毛　红腺忍冬（*L. hypoglauca* Miq.）

5.叶下面和幼枝密被开展的黄褐色毡毛状弯糙毛　…………………………………………黄褐毛忍冬（*L. fulvotomentose*）

表2-2　药用金银花的资源种类及分布

序号	原植物名称	主要分布地	备注
1	淡红忍冬 *L. acuminata*	西南及陕西，甘肃，安徽，浙江，江西，台湾，湖北，湖南，广东，广西	四川部分地区和西藏昌都作金银花用
2	西南忍冬 *L.bournei*	广西，云南	在云南部分地区作金银花用
3	滇西忍冬 *L.buchananii*	云南	在云南部分地区作金银花用
4	阿尔泰忍冬 *L.caerulea* L. var. *altaica*	新疆	
5	蓝锭果 *L. caerulea* L. var. *edulis*	东北，华北及陕西，甘肃，宁夏，青海，四川，云南	
6	长距忍冬 *L. calcarata*	广西，四川，贵州和西藏	
7	金花忍冬 *L. chrysatha*	东北，华北及陕西，甘肃，宁夏，青海，山东，江西，湖北，四川	
8	山银花 *L. confusa*	浙江，江西，福建，湖南，广东，海南，广西	为华南地区金银花的主要资源，中华人民共和国药典1995年版收载
9	匍匐忍冬 *L. crassifolia*	湖北，湖南，四川，贵州，云南	
10	毛花柱忍冬 *L.dasystyla*	广东	中华人民共和国药典1995年版收载
11	锈毛忍冬 *L. ferruginea*	江西，福建，广东，西，四川，贵州，云南	

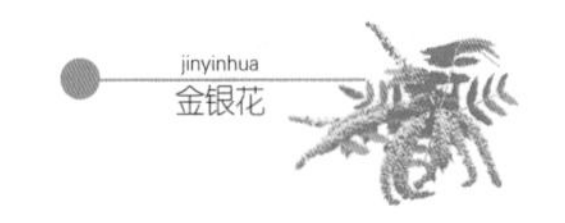

续表2-2

序号	原植物名称	主要分布地	备注
12	苦糖果 *L. fragrantissima*	陕西，甘肃，山东，安徽，浙江，江西，河南，湖北，湖南，四川，贵州	
13	黄褐毛忍冬 *L. fulvotomentosa*	广西，贵州，云南	在广西部分地区作金银花收购，花大而多，有效成分含量高，含绿原酸6.18%，可视为金银花的一种新的药物资源，有成为金银花新兴品种的希望
14	蕊被忍冬 *L. gynochlamydea*	陕西，甘肃，四川，湖北，湖南，贵州，安徽	
15	大果忍冬 *L. hildebrandiana*	广西，云南	
16	硬毛忍冬 *L. hispida*	河北，山西，陕西，甘肃，新疆和四川新疆作金银花用	
17	刚毛忍冬 *L. hispida* Pall. ex Roem. et Schult.	西北及河北，山西，四川，云南，西藏	
18	菰腺忍冬 *L. hypoglauca*	浙江，安徽，江西，福建，台湾，湖北，湖南，广东，广西，四川，贵州，云南	①产量仅次于忍冬，产地甚丰，也为金银花的主要资源之一，收购以野生品为主。②中华人民共和国药典1995年版收载

续表2-2

序号	原植物名称	主要分布地	备注
19	净花菰腺忍冬 *L. hypoglauca* Miq. subsp. *nudiflora*	广东，广西，贵州，云南	在广西、广东、湖南和贵州等省区作金银花用，也是广西地区所产“金银花”中药材的主要来源
20	忍冬 *L. japonica*	全国除黑龙江，内蒙古，青海，宁夏，新疆，西藏无自然生长外，其他省区均有分布	①为金银花的主要来源，收购以栽培品为主，供销全国各地，为出口的主要货源。②中华人民共和国药典1995年版收载
21	柳叶忍冬 *L. lanceolata*	湖北，四川，云南，西藏	
22	亮叶忍冬 *L. ligustrina*	陕西，甘肃，四川，云南	
23	长花忍冬 *L. longiflora*	广东，海南和云南	
24	金银忍冬 *L. maackii*	东北，华北，华东，西南及陕西，甘肃	在湖南作金银花用，东北长白山区民间入药
25	大花忍冬 *L. macrantha*	西南及浙江，江西，福建，台湾，华南，广东，海南，广西	在广东、广西、云南等地区作金银花收购
26	异毛忍冬 *L. macrantha*(D. Don) Spreng. var. *heterotricha*	浙江，江西，福建，湖南，广西，四川，贵州，云南	在广西地区作金银花收购

续表2-2

序号	原植物名称	主要分布地	备注
27	灰毡毛忍冬 *L. macranthoides*	安徽，浙江，江西，福建，湖北，湖南，广东，广西，四川，贵州	在西南，中南地区作金银花收购，为商品金银花主要品种之一
28	小叶忍冬 *L. microphylla*	华北，西北及西藏	
29	下江忍冬 *L. modesta*	浙江，安徽，江西，湖北，湖南	
30	越橘叶忍冬 *L. myrtillus*	青海，四川，西藏	
31	短柄忍冬 *L. pampaninii*	安徽，浙江，江西，福建，湖北，湖南，广东，广西，四川，贵州，云南	在贵州部分地区作金银花用
32	蕊帽忍冬 *L. pileata*	陕西，湖北，湖南，广东，广西，四川，贵州，云南	
33	皱叶忍冬 *L. rhytidophylla*	江西，福建，湖南，广东，广西	在广西、江西部分地区作金银花收购
34	岩生忍冬 *L. rupicola*	甘肃，宁夏，四川，云南，西藏	
35	红花忍冬 *L. rupicola* L. rupicola Hook. f. et Thoms. var. syringantha	甘肃，宁夏，青海，四川，云南，西藏	
36	毛药忍冬 *L. serreana*	河北，山西，陕西，甘肃，宁夏，河南，四川	

续表2-2

序号	原植物名称	主要分布地	备注
37	细毡毛忍冬 *L. similis*	陕西，甘肃，浙江，福建，湖北，湖南，广西，四川，贵州，云南	在四川、贵州、云南、湖南等地作金银花收购，为西南地区金银花的主要来源，以收购野生品为主
38	峨眉忍冬 *L. similis* Hemsl. var. *omeiensis*	四川	在四川部分地区作金银花用
39	唐古特忍冬 *L. tangutica*	陕西，甘肃，宁夏，青海，湖北，四川，西藏	
40	新疆忍冬 *L. tatarica*	新疆，黑龙江，辽宁有栽培	
41	小花忍冬 *L. tatarica* L. var. *micrantha*	新疆	
42	华北忍冬 *L. tatarnowii*	辽宁，河北，山东	
43	盘叶忍冬 *L. tragophylla*	河北，山西，陕西，甘肃，宁夏，安徽，浙江，河南，湖北，四川，贵州	在甘肃、四川峨眉及贵州部分地区作金银花用
44	毛花忍冬 *L. trichosantha*	陕西，甘肃，四川，云南，西藏	
45	长叶毛花忍冬 *L. trichosantha.* Bur. et Franch. var. *xerocalyx*	甘肃，四川，贵州，云南	
46	毛萼忍冬 *L. trichosepala*	安徽，浙江，江西，湖南	

续表2-2

序号	原植物名称	主要分布地	备注
47	华西忍冬 *L. Webbiana*	西南及山西，陕西，甘肃，宁夏，青海，江西，湖北	

三、药材的性状特征

商品金银花来源复杂，2005年版的《中国药典》已经明确“山银花”不是“金银花”。2010年版的《中国药典》将“山银花”和“金银花”区分得更加严格，但市场上还存在将山银花当成金银花的现象。“金银花”与“山银花”的药材性状不同之处:

金银花药材性状：呈棒状，上粗下细，略弯曲，长2~3厘米，上部直径约3毫米，下部直径约1.5毫米。表面黄白色或绿白色（贮久色渐深），密被短柔毛。偶见叶状苞片。花萼绿色，先端5裂，裂片有毛，长约2毫米。开放者花冠筒状，先端二唇形；雄蕊5个，附于筒壁，黄色；雌蕊1，子房无毛。气清香，味淡、微苦。

“山银花”药材性状：灰毡毛忍冬：呈棒状而稍弯曲，长3~4.5厘米，上部直径约2毫米，下部直径约1毫米。表面绿棕色至黄白色。总花梗集结成簇，开放者花冠裂片不及全长之半。质稍硬，手捏之稍有弹性。气清香。味微苦甘。红腺忍冬：长2.5~4.5厘米，直径0.8~2毫米。表面黄白至黄棕色，无毛或疏被毛，萼筒无毛，先端5裂，裂片长三角形，被毛，开放者花冠下唇反转，花柱无毛。华南忍冬：长1.6~3.5厘米，直径0.5~2毫米。萼筒和花冠密被灰白色毛，子房有毛。黄褐毛忍冬：长1~3.4厘米，直径1.5~2毫米。花冠表面淡黄棕色或黄棕色，密被黄色茸毛。

图2–3

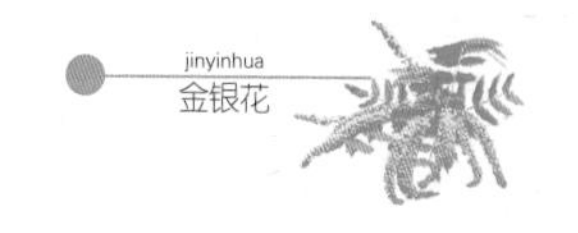

第三章　生物学特性

一、金银花的生长发育习性

1. 金银花植株的生长习性

当日平均气温达到4℃以上时，金银花开始萌芽，此后随温度回升，光合有效辐射（PAR）及日照时数的增加，新梢进入旺长和花芽分化。进入5月中旬，日平均气温达22.98℃、日照时数6.94小时进入第一茬花期。此后经历近4个月的花期至9月中旬以后，由于气温降低，不再抽新梢及形成花芽。12月初随着气温降至0℃以下，开始进入越冬期，直至翌年2月中旬重新萌发新枝，进入下个生长季。

2. 金银花根生长习性

金银花根系发达，细根多，生根力强。主要根系分布在10~25厘米深的表土层，须根则多在5~40厘米的表土层中生长。根以4月上旬至8月下旬生长最快。根木质绳状，粗长，老根近黄褐色，幼根颜色较淡，呈乳白色或乳黄色，根毛密集，网状，近根尖端较多。根从地表至土层越长越深，且与植株生长年限有关。金银花在营养生长阶段，单株根数、根长、根粗都与植株生长发育时间长短有关。营养生长期生长时间愈长，根愈长亦愈粗。

3. 金银花茎生长习性

金银花的茎在自然状态下可生长到2~4米，藤左缠。嫩枝绿色，中空，密被柔毛；未木质化枝条淡红褐色或灰褐色，柔毛褪尽、无毛；多年生老枝灰褐色，随着枝条木质化程度提高，枝条髓腔逐渐变小，最后接近消失。主干直立性较强，生长旺盛、分枝多、角度较开张、树冠上部的枝条有轻度的缠绕性和一定的“自剪性”。

云南省农业科学院药用植物研究所刘大会博士通过对药用植物研究所实验基地里金银花生长发育的研究，将其分为10个阶段（见表3–1）。

表3–1　金银花生长发育期

序号	生育时期	起始时间	生育特点
1	萌芽期	2月上旬	腋芽开始分化
2	春梢生长期	3月上旬~4月中旬	枝条甩出，迅速生长，形成花枝，Ⅰ级枝现蕾
3	春花期（第一茬花期）	4月下旬~5月中旬	Ⅰ级枝花枝节上花蕾逐次生长发育，至大白期采收
4	夏初新梢生长期	5月下旬~6月中旬	修剪春梢后，Ⅱ级枝迅速生长，现蕾
5	夏初花期（第二茬花期）	6月下旬~7月初	Ⅱ级枝花蕾逐次生长发育，至大白期采收

续表3–1

序号	生育时期	起始时间	生育特点
6	夏末新梢生长期	7月上旬~7月中旬	修剪夏梢后，Ⅲ级枝迅速生长，现蕾
7	夏末花期（第三茬花期）	7月下旬~8月上旬	Ⅲ级枝花蕾逐次生长发育，至大白期采收
8	秋梢生长期	8月中旬~8月下旬	修剪秋梢后，Ⅳ级枝迅速生长，现蕾
9	秋花期（第四茬花期）	8月下旬~10月下旬	Ⅳ级枝花蕾逐次生长发育，至大白期采收。此后不再形成新枝，储藏营养回流。
10	冬前与越冬期	10月下旬~2月上旬	霜降后，进行冬前整形修剪，生理活动变缓，减少养分消耗，并利于营养储藏。

4. 金银花花的生长习性

（1）花芽分化：根据金银花一年中萌发新枝的时间，可把新枝分为4级，每级花芽分化对应1次花期，花芽分化适温为15℃。以新生枝开始萌发作为花芽分化起始时间，一级分枝，以长、中枝的比例大，有花的节位较多（长枝>10节；中枝6~9节），因此花蕾的数量高于后几茬花。其后3茬花枝以短枝、顶花短枝为主，有花的节位少（短枝3~5节；顶花短枝2~4节），花蕾数量低。其后的几茬花枝均为次一级分枝。

（2）开花习性：金银花只在当季抽生的新枝上成花，根据金银花的生长发育特点将一年中花的开花时间

分为4个时期，每茬花期对应一级分枝。各茬花期可分为萌芽期、现蕾期、三青期、幼果期、果实成熟期5个时期。不同花期其产量和质量具有较大的差别，第一茬花的产量最高，占全年产量的40%，以后各茬花的产量逐渐降低，第二茬花产量占总产量的30%，三、四茬花产量显著降低，仅分别为总产量的20%和10%。各茬花期的花蕾质量也存在显著差别，第一茬花的绿原酸含量最高，第二和第三茬花差别不明显，第四茬花含量最低。

二、对土壤及养分的要求

金银花适应性较强，对土壤要求不严，酸性，盐碱地均能生长，以湿润、肥沃的深厚沙质壤土生长最佳。土壤要长期保持疏松，通透性好，保水保肥，才能有利于根的生长发育，所以在金银花整个生育期内必须经常进行土壤管理，深翻改土，中耕除草等工作。

在金银花必需的元素中，各种元素各有特殊的作用，不能相互替代。微量元素因为需要量少，一般土壤都能满足需要，只有少数需要补充。在常量元素中，碳、氢、氧可以从空气和水中取得，而所需要大量氮、磷、钾一般土壤供给能力很小，需要通过施肥来补充，方能满足金银花的正常生长发育。金银花为喜氮、磷植物，早春芽萌动时追施一定的氮肥，采花前增施磷钾肥都可显著促进生长和提高花的产量。据试验，在3年生以上的树体，于萌动前后每株追施尿素0.1千克或0.15千克

复合肥，开花前每株追施磷酸二铵0.05千克或0.1千克复合肥，产量可提高50%~60%，增产效果显著。

三、气候要求

金银花喜温暖湿润的气候，日平均气温3℃以下处于休眠状态生长极缓慢，5℃以上开始萌芽、抽出新枝、16℃以上新梢生长迅速并开始孕育花蕾，20℃左右花蕾生长。生长的最适温度为20~30℃，花芽分化适宜温度为15~20℃，38℃以上时对其生长有一定影响。在-17℃的低温下，也不会出现冻害，生长旺盛的金银花在-10℃左右的气温条件下叶子仍保持青绿色。金银花适宜在阳光充足和通风良好的地区种植，要求阳光充足，也稍能耐阴。光照不足时枝条嫩细长、叶小、缠绕性强，花蕾分化少，因此花朵多生长在外围阳光充足的枝条上。日照时数多有利于金银花产量和质量的提高。金银花喜湿润环境，由于根系吸收能力强，有相当强的耐旱力。地形地势以背风向阳的缓坡地、开阔平地为最好，“四边”地、林间地也适宜种植，风口谷地、低洼地不适宜种植，沙土公路两侧灰尘污染，有工业污染和病原物污染的地点都不宜种植。

第四章　栽培管理

一、选地、整地

1. 选地

金银花对土壤要求不严，抗逆性强，可利用荒坡、地边、沟旁、房前屋后零星地块种植。为便于管理，应选择向阳、土层较为深厚、土壤肥沃疏松、透气、灌排水良好、坡度在15°以下的壤土种植。

2. 整地

选好地后，深翻土壤30厘米以上，打碎土块。移栽前每亩施入充分腐熟有机肥3000~5000千克，钙镁磷肥100~200千克，深翻或穴施均可。基肥适当深施，且与土混匀，再覆土。坡地可实行梯土整地，带宽1.5米。

二、选种与处理

1. 品种的选择与处理

金银花经过长期的自然选择和人工选择形成了一些地方品种。金银花的栽培品种分毛花和线花类。不同品种间，旱性强弱、节间长短、产量高低悬殊很大。线花

类的红条银花，匍匐生长，节间长、产量低，一年只能采一茬花，是生产上的淘汰品种。毛花类的大毛花是生产上成功推广的最优良的品种之一。

根据云南的气候条件，目前主要选择大毛花（小毛花）、四季花、九丰一号3个品种（见图4-1）进行栽培。大毛花（小毛花）花墩中型，无明显主干，枝条密丛生或蔓生，枝条细带有红色，且上部略缠绕；叶绿色，叶子尖。其优点是耐寒、耐旱、耐瘠薄、耐修剪，适合山坡地和山地，品质好。其缺点是不耐湿、不抗白粉病，容易长蚜虫和黄蚂蚁，产量中等。四季花花墩中型，主干明显，直立性强，好修剪，枝条不缠绕，节间短粗，花蕾比普通品种大、饱满，叶色深绿。其优点是耐寒、耐修剪、抗病、抗虫，适合平地种植，产量高、品质好。其缺点是不耐旱，喜肥水。九丰一号枝条粗壮，中空，单株需搭架，茎上部缠绕，节间短粗，花蕾比普通品种饱满，叶片大，叶色深绿。其优点是适合平

图4-1　云南金银花栽培品种

地种植，产量高。其缺点是不耐旱、不耐湿、易发褐斑病、白粉病，并需搭架。

2. 插条的选择与处理

选1~2年生健壮、充实的枝条，截成长30厘米左右的插条，约保留3个节位。摘去下部叶片，留上部2~4片叶。将下端削成平滑斜面，扎成小捆，用500毫克/千克吲哚丁酸水溶液快速浸蘸下端斜面5~10秒，稍晾干后立即进行扦插。扦插分春插和夏插2种。

3. 种子的选择与处理

10月采摘果实，放到水中搓洗，去净果肉和秕粒，取成熟种子晾干备用，次年4月将种子放在35~40℃的温水中，浸泡24小时，取出拌2~3倍湿沙催芽，等种子裂口达30%左右时即可播种。

三、播　种

1. 繁殖与育苗

（1）种子（图4–2）繁殖

播种前选肥沃的沙质壤土深翻30厘米，整成1.50米宽的垄，然后放水浇透，待土稍松干时，平整垄面，按行距22厘米开浅沟，将种子均匀撒在播沟里，覆盖细土1厘米，播种后，保持地面湿润，垄面上可盖一层杂草，每隔2天喷1次水，10余天即可出土，秋后或第2年春季移栽。

在云南金银花春、秋两季都可以播种，但以春季最

好，播种后1个月左右可发出苗，如果拌湿河沙催芽，20天左右再播种，可提早萌发出芽。播种时将种子与草木灰或细土拌和均匀，撒入沟中，再盖上1~2厘米厚的拌有腐熟堆肥的细土或腐殖土，最后用塑料薄膜或草、秸秆等覆盖苗床。每亩用1~1.5千克种子，可产种苗3万~4万株。

图4-2　金银花的种子

（2）无性繁殖

无性繁殖主要有扦插、压条、分株，非试管繁殖等方法，其中扦插法简便，容易成活，原植株仍可开花，所以生产上使用较多。

2. 扦插繁殖

（1）半嫩枝扦插法

①采枝圃杀菌、灭虫和苗床消毒、杀菌：采枝前7~10天，将浓度为50%的多菌灵稀释成500倍的水溶液、将辛硫磷配成500倍的水溶液对采枝圃进行杀菌、灭虫处理，将高锰酸钾配成浓度为0.1%的水溶液、将

浓度为50%的多菌灵配成浓度为400倍的水溶液对苗床进行消毒、杀菌处理；②采枝：选择1年生的植株进行采枝；③剪枝：将采下的植株剪切成上端为平口、下端为40~50°斜面、长度为10~15厘米的枝条，两端口的切面应平滑，不起毛；④扦插：将苗床浇透水，然后将枝条扦插于苗床的基质中，压紧枝条并保持叶片湿润；此时地温应控制在 15~25℃、室温控制在20~25℃；⑤苗床管理：活化期时间为7~10天，其间相对湿度控制在60%~80%，地温控制在25~28℃、室温控制在15~30℃；愈伤期时间为14~16天，其间相对湿度控制在60%~80%，地温控制在25~28℃、室温控制在18~30℃；练苗期时间为8~10天，前4~5天每天浇水1~2次，每天中午打开苗棚天窗和侧窗通风2~3小时；后4~5天停止浇水，全天打开苗棚天窗和侧窗保持通风；⑥假植：练苗期结束以后，将根部已长出3~5条、长度为3~5厘米不定根的植株移栽至大田中，经过8~10个月的假植即可取苗出售。

（2）老枝扦插法

一般夏秋阴雨天气进行，选择生长势旺、无病虫害的1~2年生健壮、充实枝条，截成30~35厘米长的插条，摘去下部叶子，留上部1~2片叶，每片去掉2/3，将插穗下端近节处削成平滑的斜面，每50根扎成一小捆，用300ppm生根剂溶液浸泡下端斜面2~3小时，稍晾干后立即进行扦插。

选择浇水方便的地块做苗床，做成130厘米宽的畦，在苗床上按行距30厘米定线开沟，沟深20厘米左右，株距5~10厘米，把插条斜立着放入沟内，然后填土盖平压实插条。待一畦扦插完毕，即及时顺沟浇水，以镇压土壤，使插穗和土壤密接。插穗埋土后上露5~8厘米为宜，以利新芽萌发。同时苗床搭小拱棚遮阴保湿，干旱季节早晚各喷一次水，白天视土壤情况酌情浇水。插条生根长叶后逐渐揭去遮阳物，每隔半月浇一次1%~2%的稀释复合肥。随着幼苗的长大，肥料浓度要加大，半年后即可移植于大田。

3. 压条繁殖（图4–3）

于秋、冬季植株休眠期或早春萌发前进行。选择3~4年生已经开花、生长健壮、产量高的金银花作母株。将近地面的1年生枝条弯曲埋入土中，在枝条入土部分将

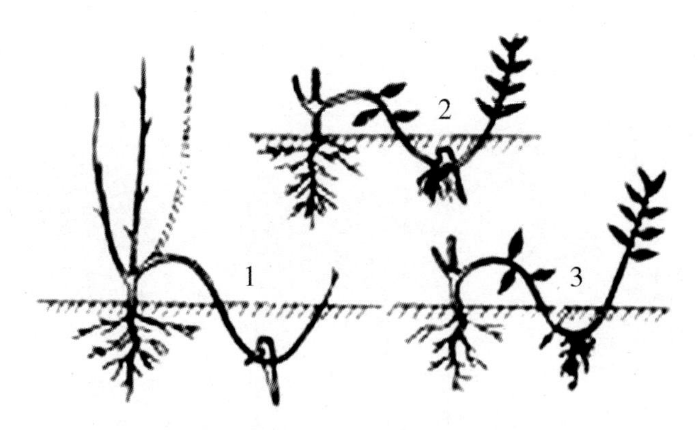

1.刺伤曲枝　2.压条　3.分株

图4–3　压条繁殖

其刻伤，压盖10~15厘米细肥土，再用枝杈固定压紧，使枝梢露出地面。若枝条较长，可连续弯曲压入土中。压后勤浇水施肥，第2年春季即可将已发根的压条苗截离母体，另行栽植。压条繁殖方法，不需大量砍藤，不会造成人为减产。倘若留在原地不挖去栽种，因有足够营养，也比其他藤条长得茂盛，开的花更多。比起传统的砍藤扦插繁殖，除能提早2~3年开花并保持稳产、增产外，更重要的是操作方便，不受季节和时间限制，成活率也高。

4. 分株繁殖（图4–4）

分株繁殖常于冬末春初进行，在金银花萌芽前开挖母株，将根系剪短至50厘米，地上部分截留35厘米，分割母株后立即移栽。栽后翌年即可开花，但母株生长受到抑制，当年开花较少，甚至不能开花，因此一般较少应用。

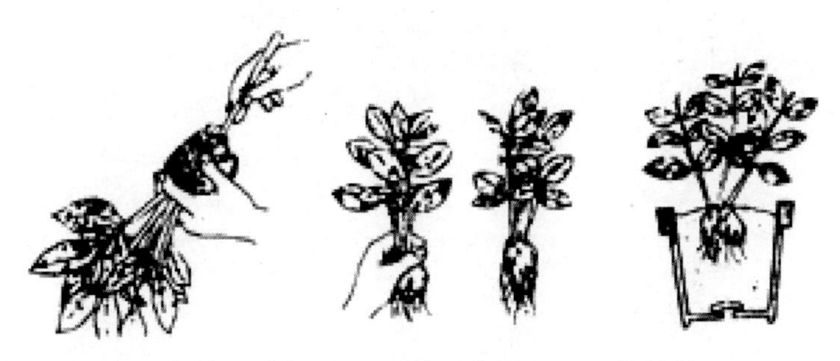

1.去掉一些泥土　2.剥开分株　3.上盆栽植

图4–4　分株繁殖

5. 嫁接繁殖（图4–5）

（1）培育砧木：可采用灰毡毛忍冬、忍冬、红腺忍冬的种子播种培育成砧木。每亩种子用量1~1.5千克。10天左右出苗，齐苗后揭去盖草，加强苗床常规管理。当苗高15厘米时，摘去顶芽，促进加粗生长。当年秋季或翌年早春便可用于嫁接。

（2）嫁接时间：嫁接时间分春季和秋季嫁接。具体嫁接时间因年份、地域不同有较大的差异。同一年份、同一地点则主要受月平均气温、平均湿度制约，也受光照、砧木生长势、砧木和嫁接品种的生物节律（物候）的影响。各地确定具体嫁接时间时，应主要参考当地的物候期。云南春季嫁接适宜的时间是3月中旬~4月中旬，其中3月下旬成活率最高；秋季嫁接适宜的时间则是9月上旬~10月中旬，以9月中旬~10月上旬为最好。秋季气温高，空气干燥，接穗应妥善贮藏，最好是随采随接。

（3）嫁接方法：据试验研究，金银花品种适宜的嫁接方法主要有三刀法、腹接、切接和根接。

①三刀法：在切接的基础上进行了改进，接穗削法为三刀，并适当增加砧、穗削面长度，嫁接成活率比普通切接提高10%~15%。

②腹接：是秋季不截干的一种嫁接方法。苗木和大树高接换种均可采用。具体方法和步骤如下：

a.开砧：在砧木基部平直、光滑的一面往下轻削一

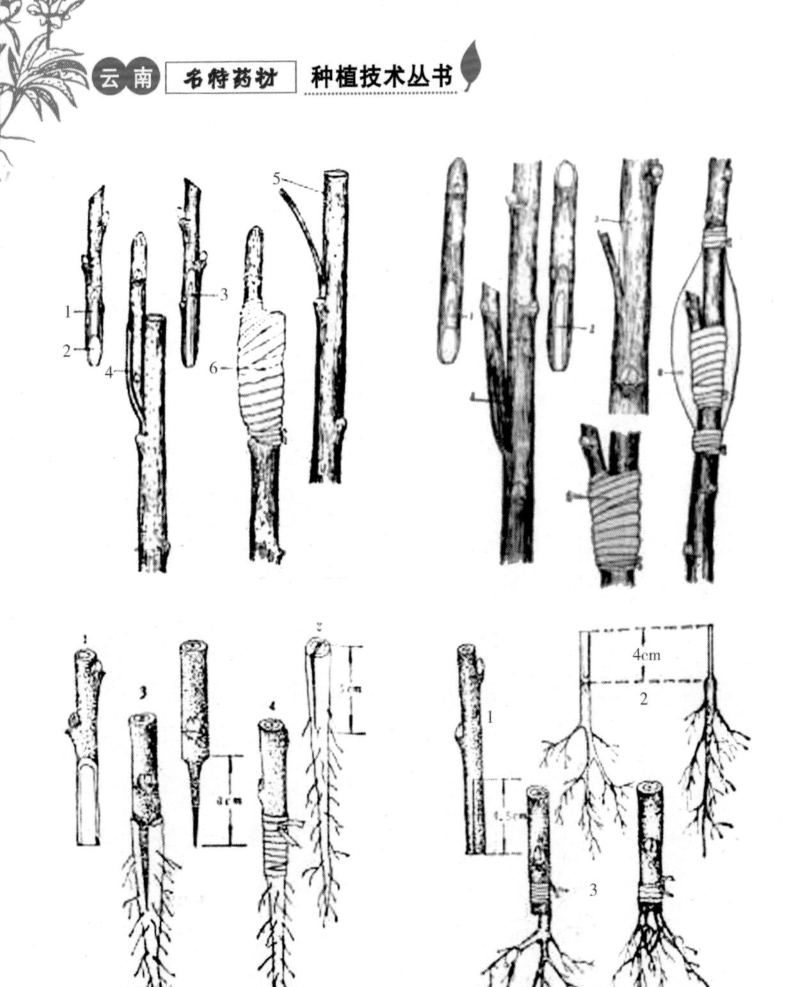

图4–5　嫁接繁殖

刀，长3厘米左右，稍带木质。圃地嫁接，砧木削的部位应离地面6~8厘米，以利翌年春季补接。

b. 接穗：先将穗条剪成带2个饱满芽，长约6~8厘米的穗段，将穗段下部的芽削去。第一刀，在芽的下部平

直的一面削一个长约3厘米的长削面，要求光滑、平直，深达木质部。第二刀，在长削面的背面削一马耳形的斜面，与长削面相交成45度角。第三刀，在马耳形斜面的上部，长削面的正背面削一短的削面，长约2.5厘米。同样要求光滑、平直，深达木质部，长、短二削面平行。

c. 配合：将削好的接穗插入开好的砧木接口中，长削面向内，使砧穗形成层对准，如砧穗大小不一致，可对齐一边。

d. 绑扎：先用宽1~1.5厘米的塑料带绑扎紧，再加上一长方形的罩（单芽不加罩，用塑料带将接穗完全包裹），上下用塑料带扎紧。

③切接：砧木树液尚未流动或砧木较小时适用此法。多用于春天嫁接。

④根接法：常用切接和劈接，以劈接较为普遍。具体操作如下：先选择无病虫害、表皮无机械损伤的1~3年生、根径粗在0.3~2厘米的金银花根，将根剪成长10~15厘米的根段供嫁接用。如根太细（0.5厘米以下），则采用接根法嫁接，即将穗段下部劈开，同一穗段接两段根。根的粗度在0.5~2厘米则采用劈根根接法。绑扎均同常规方法。

嫁接完毕后，将根接苗按接穗、根砧大小分级，放入温室苗床（无温室，地窖也可），用湿润砂覆盖，促使早产生愈伤组织。注意经常检查，精细管理。如苗芽萌动，应立即栽植在苗床里。根接苗从温室到苗床各个

操作环节中，都注意切勿触动嫁接口，以免影响成活。

6. 非试管快繁

非试管高效快繁技术（TERNPC）就是用金银花的两叶两芽直接接种在辅助有简易条件的大田沙床上，每20~60天繁殖一代。该技术由于采用独创的一系列有效的标准化技术措施和管理经验，可在简易条件下使千千万万经特殊训练的普通人员直接在田间操作实施，增强了其易传性和大众化，增强了实际上的综合快繁效率，最大限度地降低了工厂化植物育苗的生产成本。

（1）原苗选择：一般选用优良品种的试管苗或其第一代苗作为母本苗。

（2）快繁材料的选择与处理：从母本上选取两叶两芽的半木质化嫩枝做材料，下端剪成斜形，叶片保留三分之一，每50根扎成一小捆，用300ppmABT6生根粉浸泡下端斜面2~3小时，稍晾干后立即进行扦插。

（3）扦插方法：扦插基质是泥灰土+珍珠岩（1∶3），用75%甲基托布津1000倍溶液消毒。用扦插盘盛满扦插基质，将插条1/2~2/3斜插入孔内，压实按紧，随即浇1次水，置于全光照间歇喷雾下，半个月左右便可生根和萌发新芽。

7. 定植

（1）移栽时间：金银花一年四季均可移栽，但以春季 2~3月，秋季 10~12月移栽的成活率高。

（2）移栽密度：金银花的栽植以 350~500株为宜，

一般采用150~180厘米×80~120厘米 的行株距。

（3）移栽方法：按上述行株距，挖成长宽各 40厘米、深30~40厘米的移栽穴，每穴施入农家肥 5~10千克，复合肥0.15千克，充分拌匀后，每穴栽壮苗1株，栽植深度 20厘米，然后浇水，覆土压实。

（4）覆膜：移栽完后，田间可覆黑色地膜保水防杂草。

四、田间管理

（1）中耕除草、培土：每年中耕除草三次，发出新叶时进行第一次，7~8月进行第二次，秋末冬初霜冻前进行第三次。并结合中耕进行培土，以免花根露出地面。

（2）施肥：栽植后的1~2年，是植株发棵定型阶段，主要是营养生长，因此追肥偏重于人畜粪、草木灰、尿素、硫酸钾等含氮、钾量较高的肥料。栽植2~3年后，每年冬前或春初，应多施畜杂肥、厩肥、饼肥、过磷酸钙等肥料。每茬收花后立即追施氮、磷、钾复合肥料，为下茬花提供种类齐全的养分。

（3）整形修剪（图4-6）：①整形：金银花自然更新能力强，分枝较多，整形修剪有利于培育粗壮的主干和主枝，使其枝条成丛直立，通风透光良好。为方便采摘和管理，树高和冠幅宜控制在1.3米左右。整形一般2~3年完成。具体方法：待新芽刚萌发后，在植株基部留饱满芽2~3枚，其余全部除去，在饱满芽的上方1~2厘米

处剪去老枝。新梢长到30~40厘米时，留一直立健壮枝，在20厘米处定主干。入夏生长速度加快，主干出现2次芽后，将下部芽全部抹除，在上、中部的适当距离内留饱满芽3~4枚，培养主枝。主枝长到20厘米时，进行摘心抑制高生长，并在主枝上培养3~4个侧枝，当年可长到8~10厘米，次年冠行即可基本形成。加强肥水管理，3年后，主干高达100厘米，粗度达3~4厘米，冠幅和树高均达1米以上。②修剪 ：修剪分冬剪和夏剪，采用短截、疏剪、缩剪和长放4种方法。冬季修剪主要掌握“旺枝

图4-6 修剪整形

轻剪，弱枝重剪，枯枝全剪，枝枝都剪”的原则，要剪去内膛枝、过密枝、交叉枝、病枝、下垂枝、徒长枝、细弱枝、沿土蔓长生枝，保留健壮枝条，对所剩余下的枝要全部进行短截，以形成多个粗壮主侧干，逐年修剪形成圆头状株型或伞形灌木状，并促使通风透光性能好，增加产量，又便于摘花。冬剪后，在春季萌芽生长时，能集中利用贮藏的营养，新生枝叶很快成为生长中心，形成大量腋花，产量大幅度提高。冬剪一般在12月下旬至次年的早春尚未发出新芽前进行。夏剪要轻，以剪除郁闭枝、细弱枝为主，适当对少数壮旺枝进行中度短截，控制金银花徒长，以免形成细弱的钩状枝，改善光照条件，延缓叶片衰老，提高光合效能，增加营养积累。每年夏季，产花后进行多次摘梢，摘去已开花梢，促使形成新的花梢，并剪去靠近根部发出的枝条以及徒长枝条，减少养分消耗。生长季节修剪，以“打顶”为主，能促使多发新枝，以达到枝多花多的目的。具体操作：从母株长出的主干留1~2节，2节以上用手摘除，从主干长出的一级分枝留2~3节，3节以上摘除；从一级分枝长出的二级分枝留3~4节，4节以上摘除。此后，从2级分枝长出的花枝一般不再打顶，让其自然生长开花。一般节密叶细的幼枝即花枝应保留。无花的长枝，枝粗、节长、叶大，应摘除，以减少养分消耗。通过打顶使每一植株形成灌木丛状，增大营养空间，促使大批量花蕾提早形成。通过整形修剪，金银花便从原来缠绕生长

改为枝条疏朗、分布均匀、通风透光、主干粗壮直立的伞形灌木状树形。由于金银花具有当年新生枝条能发育成花枝的特性，通过上述修剪措施，能促进多发新枝，多形成花蕾，从而达到增产的目的。每年冬剪于霜降后至封冻前进行，还应剪除枯老枝、病虫枝、细弱枝、交叉扰乱树形的长枝等，使养分集中于抽生新枝和形成花蕾。采花后，同样进行夏季修剪。每次修剪后，都应追肥1次。

（4）水分管理：金银花抗涝旱能力强，但春季干旱易影响花枝发育，故需适当灌水，但长期灌水又易诱发病害，因此雨季应注意排水。

（5）松土培蔸：在秋季茎叶枯萎时，应施肥培土壅蔸越冬，促使第2年生长旺盛，春季清明前注意除草松土。

（6）保花：干旱无雨或雨水过多均会造成金银花大量落花、沤花和未成熟的花破裂，可在花蕾有半粒米长时进行1次根外追肥，用人尿一担加尿素0.015千克兑水20千克混合，用喷雾器喷洒，以减少沤蕾和落花。

（7）越冬保护：金银花在我国大部分地区都能自然越冬，但在吉林等寒冷地区种植金银花就要注意保护老枝条越冬。老枝条若被冻死，次年重发新枝，开花少，产量低。具体方法是在地封冻前，将老枝平卧于地上，上盖杂草6~7厘米，草上再盖泥土，即可安全越冬，次年春天萌发前去掉覆盖物。

第五章　农药、肥料使用及病虫害防治

一、农药使用原则

按照“预防为主、综合防治”的植保方针，以农业防治为基础，农艺措施与化学防治相结合，科学使用高效低毒低残留农药，综合运用各种防治措施，减少病虫害所造成的损失。严格禁止使用剧毒、高毒、高残留或者具有三致（致癌、致畸、致突变）农药。应选用低毒、高效、低残留生物农药及个别中等毒性农药，大力推广绿色环保机械。有机合成农药在农产品中的最终残留应从严掌握，不得高于国家规定的标准。最后一次施药距采收间隔天数不得少于规定的天数。每种有机合成农药在一种作物的生长期内只允许使用一次。在使用混配有机合成化学农药的各种生物源农药时，混配的化学农药只允许选用指定的品种。严格控制各种遗传工程微生物制剂的使用。

施药前一定要认真开展病虫调查，掌握防治时期，在最佳防治时期施药。选择农药时，要弄清防治对象的生理机制和危害特点以及农作物的品种、生育时期等。选用不同作用机制的农药交替使用或根据农药的理化性质合理混配使用，不但能提高防效，还能延缓病虫抗性的产生。选择适宜施药时间，既要考虑防治效果，又要利于安全施药。注意农药的安全间隔期。安全间隔期内禁止施药。喷洒农药应选择晴天无风或微风时进行。选择天气施药。一般农药喷施的适宜温度为20~30℃。掌握正确的施药方法，严格按照说明书要求使用农药，施药期间不能随便吃东西、喝水和抽烟，饭前注意洗手洗脸。

药用植物病虫害防治必须保证安全，严防农药残毒。中药材大部分是内服的，严防使用剧毒高残留的农药，以免影响病人的健康。金银花花蕾期严禁使用毒性农药，以防中毒和金银花失去价值。中华人民共和国农业部公告第199号规定，在中草药材上不得使用和限制使用的农药有：甲胺磷、甲基对硫磷、对硫磷、久效磷、磷胺、甲拌磷、甲基异柳磷、特丁硫磷、甲基硫环磷、治螟磷、内吸磷、克百威、涕灭威、灭线磷、硫环磷、地虫硫磷、蝇毒磷、氯唑磷、苯线磷等19种高毒农药。

二、肥料使用原则

目前金银花常用的肥料有：有机肥料、无机肥料、腐殖酸类肥料、叶面肥料和微生物肥料。金银花标准化生产的肥料使用必须遵循以下准则。

（1）所有有机肥料或无机肥料，尤其是富含氮的肥料应以对环境和药材不产生不良后果为原则。

（2）尽量选用国家生产绿色食品的各类准则中允许使用的肥料种类，可适当有限度的使用部分化学合成肥料，但禁止使用硝态氮肥。

（3）使用化肥时，必须与有机肥料配合使用，有机氮与无机氮之比以1：1为宜。

（4）饼肥对金银花品质有较好的作用，腐熟的饼肥可适当地多用；腐熟的达到无害化要求的沼气肥水，人、畜粪尿可用追肥。绿肥是金银花生产中有待开发利用的天然肥料。微生物肥料可用于拌种，也可用作基肥和追肥使用，使用时应严格按照说明书的要求操作。叶面肥，可以使用1次或多次，但最后1次必须在收获前20天喷施。

（5）严禁使用城市生活垃圾作为肥料。

在金银花生产中通常在栽植后的头1~2年内，是金银花植株发育定型期，多施一些人畜粪、草木灰、尿素、硫酸钾等肥料。栽植2~3年后，每年冬前或春初，应多施畜杂肥、厩肥、饼肥、磷肥等肥料。“立夏”后每茬花采收后即应追适量氮、磷、钾复合肥料（0.10千克左右/株），为下茬花提供充足的养分。每年早春萌芽后和第一批花收完时，开环沟浇施人粪尿、化肥等。在入冬前最后1次除草后，施腐熟的有机肥或堆肥（饼肥），然后培土，以利银花植株的安全越冬。

三、病虫害防治

金银花作为一种常用、大宗的中药材，具有广泛的市场需要。目前，进入市场的金银花几乎全部来源于栽培，金银花的生产中病虫害发生严重，为了更好地开发利用金银花的价值，必须了解金银花的病虫害，采取正确的防治方法。

1. 金银花常见病害（图5-1）

（1）褐斑病：为叶部病害，危害严重时造成落叶、影响树势。每年7~8月份为发病盛期。

防治方法：结合秋冬季修剪，除去病枝、病芽，清扫地面落叶集中烧毁或深埋，以减少病菌来源；加强栽培管理，提高植株抗病能力。增施有机肥，控制施用N肥，多施P、K肥，促进树势生长健壮，多雨季节及时排水，降低土壤湿度，适当修剪，改善通风透光，以利于控制病害发生；发病前喷施1：1：100倍的波尔多液预防；发病初期喷施70%代森锰锌800倍液或5%菌毒清800倍液或托布津1000~1500倍稀释液，每隔7~10天喷1次，共喷2~3次，可收到较好的防治效果。

（2）白粉病：主要危害金银花叶片和嫩梢，也可危害花蕾。低温高湿有利于发生，春季和初夏为发病盛期。

防治方法：选育抗病品种（凡枝粗、节密而短、叶片浓绿而质厚、密生绒毛的品种，大多为抗病力强的品种）；合理修剪，避免枝梢过度拥挤，使树冠内膛通风

透光，清园处理病残株；春季萌芽前树冠喷施3~5度石硫合剂；萌芽后喷施0.3~0.5度石硫合剂或400倍硫悬浮剂或200倍的农抗120；发生期用50%托布津1000倍液或BO-10生物制喷雾。

（3）根腐病：主要危害金银花根系及根茎部位。

防治方法：改良土壤，及时排水、改变不良施肥习惯，及时防治地下害虫；把发病严重植株刨掉带出园外，并对坑土用200~400倍农抗120消毒；对有病株在生长季扒土晾根，并用50%多菌灵500倍液或40%甲基立枯磷400倍液灌根。

（4）叶斑病：发病时叶片呈现小黄点，逐步发展成褐色小圆斑，最后病部干枯穿孔。

防治方法：出现病害要即时清除病叶，防止扩散，并用65%代森锌可湿性粉剂400~500倍液或75%瑞毒霉800~1000倍液连续喷2~3次。

（5）炭疽病：叶片病斑近圆形，潮湿时叶片上着生橙红色点状黏性物，严重时可造成大量落叶直至原蔸腐败，也叫腐蔸病或根腐病。以成年园特别是冬培及管理粗放、植株长势差，地势低洼的成年园发病严重。每年两个发病流行高峰期：3~4月，9~10月。

防治方法：清除残株病叶，集中烧毁；移栽前用1：1：150~200波尔多液浸栽种，5~10分钟；发病期喷洒65%代森锌500倍液或50%退菌特800~1000倍液。

（6）锈病：受害后叶背出现茶褐色或暗褐色小点；

有的在叶表面也出现近圆形病斑，中心有1个小疱，严重时可致叶片枯死。

防治方法：收花后清除枯株病叶集中烧毁；发病初期喷50%二硝散200倍液或25%粉锈宁1000倍液，每隔7~10天1次，连续喷2~3次；选用三唑酮防治，可在50千克的药液中加50~100g洗衣粉作黏着剂。

图 5–1　金银花常见病害

2. 金银花常见虫害（图5-2）

（1）蚜虫：主要危害叶片、花蕾和嫩梢。每年的4月中旬至5月下旬是大量发生期，立夏前后阴雾天，刮风时，危害极为严重，能使叶片和花蕾卷缩，生长停止，造成严重减产。

防治方法：清除杂草；将枯枝、烂叶集中烧毁或埋掉，也能减轻虫害；在植株未发芽前用石硫合剂先喷1次，以后清明、谷雨、立夏各喷1次，能根治蚜虫，并能兼治多种病虫害；3月下旬至4月上旬叶片伸展，蚜虫开始发生时，用10%吡虫啉可湿性粉剂1500~2000倍液或3%啶虫脒可湿性粉剂2000倍液或10%万安可湿性粉剂2000倍液喷雾或40%乐果1000~1500倍稀释液或灭蚜松（灭蚜灵）1000~1500倍稀释液喷杀，5~7天1次，连喷数次，最后一次用药须在采摘金银花前10~15天进行。

（2）豹蠹蛾：又称六星黑色蠹蛾，属鳞翅目豹蠹蛾科。主要危害枝条。幼虫多自枝杈或嫩梢的叶腋处蛀入，向上蛀食。受害新梢很快枯萎，幼虫以后向下转移，再次蛀入嫩枝内，继续向下蛀食，被害枝条内部被咬成孔洞，孔壁光滑而直，内无粪便，在枝条向阴面排粪。

防治方法：及时清理树枝，收花后，一定要在7月下旬至8月上旬结合修剪，剪掉有虫枝。如修剪太迟，幼虫蛀入下部粗枝再截枝对树势有影响；7月中、下旬为其幼虫孵化盛期，这是药剂防治的适期，用40%氧化乐果乳油1000倍液，加入0.3%~0.5%的煤油，进行喷雾，以促进药液向茎秆内渗透，可收到良好的防治效果；也可采用防治咖啡虎天牛的方法，用注射器从蛀孔注入40%氧化乐果乳油原液。

（3）金银花尺蠖：危害其叶片的主要害虫，严重时整株叶片和花蕾被吃光，造成毁灭性危害。

防治方法：入春后，在植株周围1米内挖土灭蛹；幼虫发生初期，喷2.5%鱼藤精乳油400~600倍液；或喷

图5-2 金银花常见虫害(部分照片来自网络)

布800倍液敌敌畏或500倍液敌百虫等，但花期要停止喷药；也可用20%杀灭菊酯2000倍液或2.5%溴氰菊酯1000~2000倍液喷雾。

（4）银花叶蜂：幼虫危害叶片，初孵幼虫喜爬到嫩叶上取食，从叶的边缘向内吃成整齐的缺刻，全叶吃光后再转移到邻近叶片。发生严重时，可将全株叶片吃光，使植株不能开花，不但严重影响当年花的产量，而且使次年发叶较晚，受害枝条枯死。

防治方法：发生数量较大时可在冬、春季在树下挖虫茧，减少越冬虫源；幼虫发生期喷90%敌百虫1000倍液或2.5%敌杀死2000~3000倍液。

（5）红蜘蛛：种类很多，体微小、红色。5~6月高温干燥气候有利其繁殖，多集中于植株背面吸取汁液。该虫害繁殖力很强，受它危害的药用植物也很多，除金银花外还有三七、当归、生地、枳壳、红花、川芎等。危害特点：被害叶初期红黄色，后期严重时则全叶干枯。

防治方法：剪除病虫枝和枯枝，清除落叶枯枝并烧毁；发芽前喷施3~5度的石硫合剂，消灭越冬成螨；4月底、5月初喷施0.3~0.5度的石硫合剂防治第1代若螨；5月底至6月初是第2代若虫集中发生期，可喷施1：890阿维菌素乳油5000倍液，或爱福丁3号1000倍液；6月下旬至7月份可叶面喷施浏阳霉素或阿维菌素乳油3000~5000倍液。

（6）棉铃虫：主要危害叶片和花蕾，6月下旬至8月

为危害盛期。

防治方法：6月中下旬是第2代幼虫集中发生期，可喷施BT400~500倍液或3%杀铃脲1500倍液。7月份以后世代重叠，发生不集中，可每隔15天左右喷药1次，喷施BT或武大绿洲4号等农药。

（7）咖啡虎天牛：5月份成虫出土，在枝条上端的表皮内产卵，幼虫先在表皮内活动，以后钻入木质部，向基部蛀食，秋后钻到茎基部或根部越冬。植株受害后，逐渐衰老枯萎，乃至死亡。

防治方法：将80%敌敌畏原液浸过的药棉塞入虫孔用泥封住，毒杀幼虫；或用钢丝插入新的虫孔刺杀。清明前，天牛即将钻出土面时，用敌敌畏喷施植株根部；产卵盛期用50%辛硫磷乳油600倍液或50%磷胺乳油1500倍液喷射灭杀，7~10天喷1次，连喷数次；夏秋发现天牛寄生枝条时，可剪去被害幼茎20厘米左右，并摘除枯株，集中烧毁或向虫孔注药；7~8月发现茎叶突然枯萎时，清除枯枝，进行人工捕捉。

（8）黄蚂蚁：主要危害主干基部，啃食植株根茎表皮，形成环剥状，破坏输导组织，被啃植株轻则萎蔫，重则死亡。每年的7月上旬至8月中旬是大量发生期。此虫害在云南金银花产区较为严重。

防治方法：可用50%辛硫磷500倍液或用 48%乐斯本1000倍液浇灌植株基部约10 厘米左右周围，每隔7~10天浇灌1次。

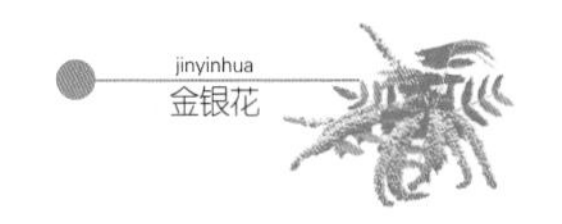

第六章 收获及初加工

一、采收期

金银花最佳采收期是白蕾前期，即群众所称二白期（花蕾由绿色变白，上白下绿，上部膨胀，尚未开放）。选晴天的上午，露水刚干时采收。金银花采收最佳时间是：清晨和上午，此时采收花蕾不易开放，养分足、气味浓、颜色好。下午采收应在太阳落山以前结束，因为金银花的开放受光照制约，太阳落后成熟花蕾就要开放，影响质量。据研究，金银花在一天之内，以上午11时左右绿原酸含量最高，应为最佳采收时间。

二、初加工

采下的花应立即干燥。干燥方法分晒干和烘干。

1. 晒干

在水泥石晒场晒花最佳。及时将采收的金银花摊在场地，晒花层薄至2~3厘米，晒时中途不可翻动，在未干时翻动，会造成花蕾发黑，影响商品花的价格，以曝晒一天干制的花蕾，商品价值最优 。晒干的花，其手感以轻捏会碎为准。当天未能晒干的花，晚间应遮盖或架起，翌日再晒。

2. 烘干

多用烤房烘干，其建造方式有2种：①单排烤架式：烤房长度根据金银花面积大小而定，宽度2~2.2米，高2~2.5米，设一门一窗，顶部设2个排气孔，烘干架顺房的长边一侧建造，宽0.8米，高2~2.5米，0.8~1米高处为最低层，向上每隔15~20厘米为1层，共6~10层；②双排烤架式：烤房长度随金银花面积大小而定，宽2.5~3.2米，高2~2.5米，设一门一窗或两窗，房顶部或近房沿处设2~3个排气孔。无论单排式或双排式，都要求烤房的内壁光洁，不透气。烘干的关键是掌握好温度，初烘时温度不宜过高控制在 30℃ 左右，烘 2 小时后，温度可升至 40℃ 左右，鲜花逐渐排除水汽，烘 5~10 小时后，保持温度 45~50℃ ，再烘 10 小时，这时鲜花水分大部分已经排出，打开门窗放气。然后温度升至 55℃ ，快速干燥，一般烘12~20小时即可全部干燥，超过20小时，花色变黑，质量下降，故以速干为宜。握之有顶手感时，即成商品。无论晒干或烘干切忌用手翻动或停烘，未干之前切忌回潮，否则商品花色和品质下降。烘干花的产量和质量比晒干的高 。干燥后的花要及时用塑料袋包装扎紧，以免受潮 。一般6~7千克鲜花干1千克商品。

三、质量规格

干燥后的花根据质量不同分为4个等级。一等：干货，花蕾呈棒状，上粗下细，略弯曲。表面绿白色，气清香，味甘微苦，无开放花朵，破裂花蕾及黄条不超过 5%；无黑头、黑条、枝叶、杂质、虫蛀、霉变。二等：干货，黑头、破裂花蕾及黄条不超过 10%；余同一等。三等：干货，开放花朵、黑头、黑条、破裂花蕾及黄条不超过 30%；余同一等。四等：干货，花蕾及开放花朵兼有；色泽不分；枝叶不超过 3%；余同一等。

四、包装、贮藏与运输

1.包装

为了不使金银花产品受到二次污染，做到安全保质。所用的包装器具一定要清洁干净，禁止使用农药、化肥原包装物及被污染的其他包装物，要用国家统一规定的清洁卫生的麻袋、编织袋、纸箱或纸盒等，实行定量包装。包装时要内装质量卡，卡上表明药材名称、产地、销售单位、质量、收获日期、质量标准等。

2. 运输

运输工具必须清洁，近期装运过农药、化肥、煤炭、矿产品、禽畜及有毒的运具，未经消毒处理严禁运输，要整车或专车装运，不能与有毒、有害及易串味、易混淆、易污染的物品同车装运。装运金银花时，必须同随人员当面查清件数、数量，随运人、发货人、司机等均要在发货清单上签名。不能及时运出的金银花产品，包装后及时入库保存，不得露天堆放。

3. 贮藏

金银花加工后要妥善保管贮藏，否则容易发生虫蛀和霉变。如果不能及时出售，宜存放在阴凉干燥的库房里，室温一般不宜超过30℃。药农多将其放入干净的水缸，压实，再密封缸口。生产上一般用防潮纸与席片将其捆紧，再外套麻袋或箱内先衬上防潮纸，然后装花，压实，密封箱口，贮于阴凉、干燥、通风处，防受潮、霉变、虫蛀。贮藏的关键是充分干燥，密封保存。近年来有用聚乙烯薄膜袋密封，效果较好。金银花商品随着存放时间的延长，绿原酸含量呈下降趋势，且性状也出现了一定的变化。因此，为保证药材质量，应尽可能减少存放时间。在贮藏过程中，如出现潮湿或发霉时，可采取阴干或晾晒的办法，也可以用文火缓缓烘焙，切忌曝晒，以防变色。晾晒或烘烤干燥后，要待其回软后才能进行包装，否则，花朵容易破碎，影响等级和质量。安全水分为10%~12%，药材含水量不得超过15%。

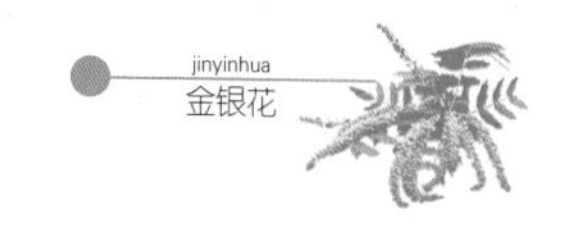

第七章　应用价值

一、药用价值

早在约1500年前，我国南北朝陶弘景的《名医别录》中就记载了忍冬属植物忍冬（金银花）的药用价值。金银花是我国著名中成药“银翘散”“银黄口服液”“双黄连”“脉络宁”等的主要原料。具有清热解毒，凉散风热功能；用于痈肿疔疮，喉痹，丹毒，热血毒痢，风热感冒，温病发热等症。现代研究证明，金银花含有绿原酸、木樨草素苷等药理活性成分，对溶血性链球菌、金黄葡萄球菌等多种致病菌及上呼吸道感染致病病毒等有较强的抑制力，另外还可增强免疫力、抗早孕、护肝、抗肿瘤、消炎、解热、止血（凝血）、抑制肠道吸收胆固醇等，其临床用途非常广泛，可与其他药物配伍用于治疗呼吸道感染、菌痢、急性泌尿系统感染、高血压等40余种病症。

1. 抑菌作用

金银花对金黄色葡萄球菌、白色葡萄球菌、甲型链球菌、乙型链球菌均有明显的抑菌作用，尤其对金黄色葡萄球菌抑菌效果更明显，同时对链球菌、大肠杆菌、痢疾杆菌、枯草杆菌、青霉、黄曲霉和黑曲霉等多种致病菌均有抑制作用，对革兰阳性菌尤为显著。

2. 抗病毒作用

金银花中活性成分绿原酸具有一定的抗病毒作用，对呼吸道最常见、最主要的合胞病毒、柯萨奇B组3型病毒具明显的抑制作用。金银花中主要成分木樨草苷具有很强的抗呼吸道合胞体病毒的活性， 并具有一定强度的抗副流感3型病毒的活性；木樨草素具有中等强度的抗呼吸道合胞体病毒的活性。正是由于金银花对呼吸道病毒的抑制作用，加上其抗菌作用，所以在SARS和甲型H_1N_1预防治疗中发挥了巨大作用，引起人们高度重视。

3. 解热、抗炎作用

金银花水煎液、口服液及注射液对鹿角菜胶、三连菌苗致热有不同程度的退热作用，对蛋青、鹿角菜胶、二甲苯所致水肿有不同程度的抑制作用，且能明显提高大鼠腹腔巨噬细胞吞噬巨红细胞的吞噬百分率和吞噬指数，其临床作为清热解毒剂治疗感染性疾病主要是通过调节机体的免疫功能而实现的。

4.利胆、保肝作用

金银花含有多种绿原酸具有显著的利胆作用，可增进大鼠的胆汁分泌。金银花中的三萜皂苷对小鼠肝损伤有明显的保护作用。

5. 降血脂、血糖作用

金银花能显著降低多种模型小鼠血清胆固醇（Tc）

及动脉粥样硬化指数（AI），提高高密度脂蛋白–胆固醇（HDL–c）含量，保护胰腺β–细胞及弱降糖作用。金银花提取物对实验性高血糖有降低作用，其机理可能与抑制肠道α–葡萄糖苷酶活性或拮抗自由基、保护胰腺β–细胞有关。

6. 抗生育作用

金银花经乙醇提取后之水煎浸膏对小鼠、狗、猴等多种动物有明显的终止妊娠作用，尤其对小鼠、狗有显著的抗早孕作用；腹腔注射金银花提取物（660 毫克/千克）有终止小鼠的早、中、晚期妊娠作用。

7. 对免疫系统的作用

金银花具有促进白细胞的吞噬功能，促进炎性细胞吞噬功能，降低豚鼠T细胞α–醋酸萘酯酶（ANAE）百分率，降低中性粒细胞（PMN）体外分泌功能，恢复巨噬细胞功能，调理淋巴细胞功能，显著增加IL–2的产生等作用。

8. 抗氧化、抗过敏作用

金银花水提物在体外对H_2O_2具有直接的清除作用。金银花对烫伤小鼠中性粒细胞释放过氧化氢有一定程度的改善作用，能使烫伤小鼠中性粒细胞合成和释放溶酶体酶的能力相应减少，说明其具有抗氧化反应的作用。金银花35%乙醇提取物的水溶液具有显著的预防过敏活性。

二、经济价值

金银花是一种耐干旱、耐瘠薄、抗寒能力较强的药用植物。它具有生长快、寿命长、根系发达的特点。对于山区难以利用的瘠薄土地，发展金银花生产，不仅可以获得可观的经济效益，而且还可以起到控制水土流失的效果。种植金银花是一项投资少，易管理，见效快的种植业。是山区开发建设行之有效的短、平、快措施。种植金银花的经济回报十分的丰厚。每亩投资500~600元（购种苗、农药、化肥、人工费等），二年后盛产收花，平均亩产鲜花 600千克（干花100千克），平均亩收入5000元以上（以昆明东站中药材批发市场的批发价格为参考，一般价格为：40~60元/千克，按50元/千克计算）。一蓬5年生占地1平方米的金银花，年产干花0.1千克，每公顷地按9000蓬计算，年产值可达5~10万元，而且它的收益期可以长达25~30年，经济效益远远优于其他经济作物。

金银花产品不仅在国内市场俏销，在国外市场上也受到了普遍的欢迎与青睐。自19世纪80年代以来，金银花一直是我们国家出口创汇的拳头产品。据报道，全国金银花年产量800万千克左右，而社会需求量达2000万千克，金银花的供求矛盾尖锐。

金银花是一种具药用、保健、观赏及生态功能于一体的经济作物，随着科技的发展金银花的用途越来越

广，开始由单一的中草药逐步向饮料、食品和日用化工产品等方面发展。近年来，金银花茶、金银花露、金银花晶、含有金银花的中华牙膏、高露洁牙膏以及含有金银花成分的香烟、啤酒也都相继开发生产。养殖业、园林绿化、观赏、生态修复等方面也得到广泛的应用。将金银花作为青饲料进行生产，用于发展养殖业，不仅可以促进牲畜的生长发育，获得较高产量，同时还能保证肉食的质量。因为金银花植株幼嫩枝叶含有丰富的营养物质，与青玉米茎相比，其粗蛋白高23%、粗脂肪高47%、粗灰分高21%、粗纤维低50.8%，适口性较好，牛、羊等牲畜喜食，并且除营养物质外；其枝叶也含有绿原酸等抗菌消炎活性成分，对牛、羊、兔等牲畜疾病有预防治疗作用。金银花植株藤条长而细软，有些一年生枝条可长达数米，并且有较强的韧性，因此可用于编织各种容器及手工艺品，如花篮、线盘、食用盘、鸟笼、鱼篓等，此类产品曾出口国外，有一定市场。

金银花作为一种具有经济效益、生态效益、旅游观光作用的植物，在农业产业结构调整和可持续性发展中具有较高的推广价值和广阔的开发利用前景。在农业结构调整和开发高效农业的大好形势下，在改善美化生态环境中，金银花将发挥更大的作用，随着时间发展和科学的进步，金银花的潜在价值和综合效益必将得到进一步的开发和利用。总之，金银花全身都是宝。提高产品的附加值，要从采收、加工、包装、贮藏和运输等综合考虑，使生产、加工、销售系统化、规范化，以提高产品档次，实现效益最大化。

图7–1　金银花系列产品及盆景(部分照片从网上下载)

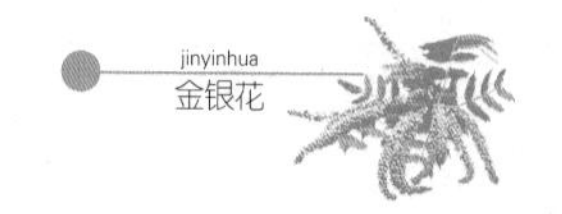

参考文献

1 李美珍，杨艳琼，李剑. 金银花的经济价值分析［J］. 现代商业，2010，9：278-279.

2 靳光乾， 郭庆梅， 刘善新. 无公害金银花茶标准化生产［M］. 北京：中国农业出版社， 2011.

3 徐炳声，胡嘉琪，王汉津. 中国植物志［M］. 北京：科学技术出版社，1988：143-148.

4 中国药材公司. 中国中药资源志要［M］. 北京：科学出版社，1994：1200.

5 《全国中草药汇编》编写组. 全国中草药汇编［M］. 第2版：上册. 北京：人民卫生出版社，1996：553.

6 国家药典委员会. 中华人民共和国药典（第一部）［S］. 北京：中国医药科技出版社，2010：205-206.

7 张芳. 金银花种质资源初步研究［D］. 济南：山东中医药大学，2005：1-81 .

8 胡晓黎，赵世发，郑光祥，等. 金银花优质高产栽培技术［J］. 陕西农业科学，2008，2：219.

9 颜庆夫，谢晓燕，朱赞江，等. 金银花高产栽培技术［J］. 作物研究，2010，24（4）：369-370.

10 李景刚，孙满芝. 良种金银花的组培快繁技术研究［J］. 山东林业科技，2004，6：36-37.

11 李水明. 金银花高效栽培技术［M］. 郑州：河南科学技术出版社，2002.

12 孙楠. 金银花生产中农药安全使用标准研究［D］. 北京：中国协和医科大学研究生院，2007.

13 杨进军. 金银花常见病虫害及其防治［J］. 植物保护，2002，10：36.

14 赵良忠，蒋贤育，段林东，等. 金银花水溶性抗菌物质的提取及其抑菌效果研究［J］.中国生物制品学杂志，2006，19（2）：201.

15 石钺，石任兵，陆蕴如. 我国药用金银花资源、化学成分及药理研究进展［J］.中国药学杂志，1999，34（11）：724-727.

16 任俊银，周小峰. 金银花保健食品的研究［J］. 食品研究与开发，2001，22（1）：63-64.

17 安民. 金银花盆景的制作［J］. 花卉，2003，1：35.

18 周凤琴，李佳，冉蓉，等. 我国金银花主产区种质资源调查［J］. 现代中药研究与实践，2010，4（3）：21-25.